AF240430

DE LA DIRECTION

DES

BALLONS

LETTRE

A M. DUPUY DE LOME

PAR

Eugène GODARD (aîné)

PRIX : 25 CENTIMES.

NANTES,

IMPRIMERIE ÉVARISTE MANGIN ET GIRAUD.

—

1872

A Monsieur Dupuy de Lôme.

Monsieur,

Au commencement du siége de Paris, le gouvernement, sur votre demande, vous alloua une subvention de 4ŏ,ooo francs, avec mission de construire un ballon dirigeable pouvant sortir de la capitale et, son voyage accompli, y rentrer en apportant les nouvelles de province.

Il y a plus d'un an que Paris est délivré de la ceinture de fer qui l'étreignait, et vous venez seulement, il y a cinq semaines, d'exécuter les expériences si importantes dont vous aviez été chargé.

D'ailleurs il est fort heureux, Monsieur, pour vous et vos co-voyageurs, que l'expérience tardive du 2 février dernier n'ait point eu lieu, alors qu'elle eût eu un si puissant intérêt, c'est-à-dire pendant le siége.

En effet, d'après votre propre aveu, vous ne vous êtes élevé qu'à 600 mètres de hauteur, ce qui vous eut inévitablement exposé aux balles prussiennes et probablement fait subir le sort du *Daguerre* échoué à Ferrières.

En outre, en descendant à Mondécourt

(Aisne), en plein jour ainsi que vous l'avez fait, vous vous seriez trouvé au milieu des lignes prussiennes.

Cela veut dire, monsieur, que pour que votre expérience *correspondît* à son point de départ et à l'esprit dans lequel une subvention vous avait été attribuée, il fallait que votre aérostat s'élevât à une hauteur bien plus considérable que celle qu'il n'a point dépassée, et en outre qu'il parcourût une distance beaucoup plus grande que celle qu'il a franchie.

Je me permettrai, monsieur, de vous rappeler que M. Flammarion et moi nous exécutâmes souvent des ascensions scientifiques et que toujours nous les fîmes longues, afin d'en rendre les résultats plus indiscutables.

C'est ainsi que je descendis à Angoulême, à Solingen (Prusse) pendant que M. Nadar échouait avec le *Géant* à Longjumeau et à Dammartin. D'ailleurs, nous laissions souvent notre ballon gonflé à terre pour repartir le lendemain ; ce que vous vous êtes bien gardé de faire, dégonflant votre ballon à la descente ainsi qu'un simple aéronaute forain comme moi, et ramenant sur une charrette votre *aérostat dirigeable*. Quelle antiphrase !

II.

Ayant appris que vous vous disposiez à faire une nouvelle expérience de l'aérostat dont vous vous dites l'inventeur, je profite des quelques moments de loisir que me laisse ma profession pour venir compléter les renseignements que vous m'avez fait l'honneur de me demander au commencement du siége de Paris.

Vous n'avez certainement pas oublié, Monsieur, que le 24 septembre 1870, vous me faisiez prier par lettre, de passer chez vous le lendemain 25, afin d'y conférer sur le problème qui vous occupait.

Il vous souvient également que vous êtes venu me demander d'examiner mes ateliers, que vous vous y présentâtes plusieurs fois, et qu'après avoir pris de moi toutes sortes de conseils que je me fis un honneur de vous donner, vous cessâtes vos visites, pour aller chercher d'autres indications chez M. Yon, mon élève et ex-associé, et qui fit pour le compte de M. Henry Giffard des expériences de direction aérostatique.

Cela veut dire que, dans ce que vous nommez votre système, il n'y a rien de nouveau, et que MM. Giffard, Ernest Bazin, Maurel, Sanson, Camille Vert, etc., etc., qui depuis longtemps s'occu-

pent de direction aérienne, ont tous
réalisé et avec autant de succès que vous,
des expériences analogues à celle du 2
février dernier ;

Cela veut dire que moi, à qui vous
avez fait l'honneur de demander jadis des
avis, j'ai le droit de vous en donner
encore aujourd'hui.

Et je vais prendre la liberté d'en user.

III

Dans un remarquable article sur votre
aérostat, article publié par l'*Illustration*
M. Gaston Tissandier rappelle, fort à
propos, le fait suivant :

Le 25 septembre 1852, voici ce que
M. Emile de Girardin écrivait en tête du
journal la *Presse* :

« Hier, vendredi, 24 septembre 1852,
» un homme est parti, imperturbablement
» assis sur le tender d'une machine à
» vapeur, élevée par un ballon ayant la
» forme d'une immense baleine, navire
» aérien, pourvu d'un mât servant de
» quille et d'une voile, tenant lieu de
» gouvernail.

» Ce Fulton de la navigation aérienne
» se nomme Henry Giffard.

» C'est un jeune ingénieur qu'aucun
» sacrifice, aucun mécompte, aucun
» péril n'ont pu décourager, ni détourner

» de cette entreprise audacieuse... etc.,
» etc. »

Vous savez, monsieur, que ce ballon, avec son filet spécial, avait été construit par moi, sur les plans de M. Giffard. Voici d'autre part, les détails donnés par M. Tissandier sur cet aérostat et la façon dont il s'est comporté dans les airs :

« Le ballon de M. Giffard était de forme allongée, terminé par deux pointes ; il avait 12 mètres de diamètre au milieu et 44 mètres de longueur ; il contenait 2500 mètres cubes de gaz. Le filet qui entourait le ballon était fixé à une grande traverse inférieure, à l'arrière de laquelle se trouvait une voile triangulaire représentant le gouvernail et la quille. Cette traverse en bois soutenait une machine à vapeur avec sa chaudière et ses accessoires. Cette machine, qui équivalait à la force de trente hommes et qui ne pesait qne 150 kilogrammes, faisait mouvoir une hélice.

» M. Giffard s'éleva de Paris dans des conditions défavorables, par un vent violent ; mais son voyage suffit à démontrer que le principe de la direction des ballons était créé. L'action du gouvernail se fit parfaitement sentir. « A peine avais-je » tiré une des deux cordes de manœuvre » du gouvernail, dit M. Giffard en 1852, » que je voyais immédiatement l'horizon » tourner autour de moi. » L'hélice, mise en mouvement par la vapeur , suffisait à déplacer l'aérostat latéralement, et, par moment, le navire aérostatique résistait à l'intensité du vent avec assez de puissance pour demeurer immobile à la même place. *A compter de ce jour,— nous ne saurions trop le répéter, — le principe de la navigation aérienne était fondé.* »

L'une des conditions essentielles de la navigation aérienne, c'est d'opposer une force considérable à l'énorme résistance de l'air agité.

Or, la vapeur (en attendant mieux), avec sa puissance bien connue, s'offre de suite à l'esprit de l'inventeur. Mais la nécessité de placer un foyer incandescent au-dessous d'un autre foyer d'hydrogène, c'est-à-dire au-dessous d'une masse aussi facilement inflammable, constitue un danger qui est l'une des difficultés les plus sérieuses du problême de la direction des ballons.

C'est cette difficulté primordiale, terrible, devant laquelle M. Giffard ne recula point il y a vingt ans et qu'il résolut victorieusement.

C'est cette difficulté, Monsieur, sans la solution de laquelle il n'y a point de navigation aérienne possible , c'est cette difficulté devant laquelle vous avez reculé, que vous avez entièrement négligée.... vingt ans après !

Votre ballon, après celui de M. Giffard, c'est le vieux télégraphe aérien d'autrefois en face de l'appareil électrique ; c'est la diligence à la place de la locomotive ; c'est le navire en bois à côté de ces admirables vaisseaux cuirassés que vous avez construits et qui resteront l'éternelle gloire de votre carrière d'ingénieur !

Au moins, après avoir laissé de côté le problême de l'application de la vapeur, avez-vous apporté dans la construction de votre aérostat dirigeable quelque chose d'essentiellement nouveau ?

Non Monsieur !

La chemise qui recouvrait votre ballon est de l'invention de M. Giffard.

Le tissu dont vous vous êtes servi est celui qui a été perfectionné par M. Giffard.

Vos soupapes sont de l'invention de M. Giffard. Il s'en était servi en 1867 et 1869.

Votre appareil à produire le gaz hydrogène !

Mais M. Giffard en avait construit un semblable en 1867 et 1869 pour gonfler ses ballons captifs.

Enfin, le treillis cousu n'est autre que celui que votre serviteur a imaginé pour ses aérostats militaires et que j'appliquai, pour la première fois, en 1854, à ma montgolfière l'*Aigle*, que montait avec moi M. Yon, mon aide.

Loin de moi de vous considérer comme un simple plagiaire. Mais je ne puis m'empêcher de faire remarquer, monsieur, que vous avez eu recours, pour exécuter vos projets, à M. Yon, qui a construit les derniers ballons et les appareils de M. Giffard et qui, par conséquent, possède tous les secrets et tous les systèmes de ce dernier.

IV

Quant à moi, je vous ai donné l'idée et la forme du ballonnet que j'ai dessiné chez vous et qui, dans votre aérostat dirigeable, joue un rôle fort important. Le principe de ce ballonnet, d'ailleurs, qui n'est autre que celui de la vessie natatoire, ne m'appartenait pas, puisqu'il avait été émis à la fin du siècle dernier par le général Meusnier.

Je comptais employer le ballonnet pour les ballons captifs du siége de Paris et je vous ai dit, que dans ce cas, il suffisait que le volume du ballonnet fut le dixième de celui du ballon.

Mais cette proportion, suffisante pour des aérostats captifs, ne saurait convenir pour des ballons libres qui doivent pouvoir s'élever, à quelques mille mètres, au besoin.

Et à cet égard, Monsieur, je pose le principe suivant, résultant à la fois de la théorie et de l'expérience, et dont il vous sera facile de vérifier l'exactitude :

Pour que l'aérostat dirigeable puisse s'élever à de grandes hauteurs, le ballonnet doit avoir au moins le quart du volume du ballon, proportion qui permet, et ceci est mathématique, de descendre, sans dépression, d'une hauteur maximum de 2291 mètres.

Si, en effet, Monsieur, vous ne vous êtes pas maintenu pendant les premières heures de votre expérience à une hauteur de plus de 600 mètres, c'est que vous avez craint, sans doute, que la dépression de votre ballon ne fût pas suffisamment compensée par l'accroissement maximum du ballonnet au dixième et que, par conséquent, la stabilité de la nacelle ne fût compromise par la mobilité du gaz dans une enveloppe oblongue non remplie, par suite de la contraction du gaz, résultant de l'augmentation de pression atmosphérique à la descente.

J'arrive maintenant, Monsieur, au point le plus intéressant de votre expérience. De quel côté vous êtes-vous dirigé et quelle vitesse avez-vous obtenue ?

Suivant votre dire, vous avez pu faire un angle à droite, avec la direction du vent.

Or, dans nos ascensions scientifiques, dans nos grands voyages diurnes et nocturnes, M. Flammarion et moi, nous avons presque toujours remarqué des augmentations de vitesse en nous élevant davantage, et principalement une déviation à droite. Qui vous prouve donc, Monsieur, que vous n'avez pas subi, ainsi que nous, les effets de cette loi que nous avons observée maintes fois ?

Et ne se peut-il pas, dès lors, que vos écarts et vos variations de vitesse ne soient nullement l'effet de votre propulseur et de votre gouvernail ?

D'ailleurs, je conteste de la façon la plus formelle les résultats publiés de votre expérience, et cela en raison de l'insuffisance et de l'incertitude de vos moyens d'observations.

Je ne veux donner qu'une seule preuve de ce que j'avance, mais elle sera concluante :

D'après les diverses vitesses du vent annoncées par vous, Monsieur, un ballon ordinaire aurait parcouru 183 kilomètres en quatre heures, durée de votre ascension, et serait en conséquence venu attérir entre Valenciennes et Avesnes, frontière de Belgique. Et vous êtes descendu à Mondécourt, à 94 kilomètres de Paris !

Quelle cruelle contradiction, Monsieur,

entre les faits et les données de vos observations ! Et n'ai-je pas le droit après un pareil exemple d'infirmer entièrement les résultats de votre première expérience ?

V

En résumé, Monsieur, les éléments de la construction de votre aérostat soi-disant dirigeable sont empruntés pour la plupart à des systèmes connus, et dont vous avez profité.

Votre expérience du 2 février n'a rien prouvé, et vos observations, vos chiffres, vos résultats sont des plus contestables ;

Enfin, parti de Paris alors que le vent *soufflait vers le Nord-Est*, vous avez *suivi la route du Nord-Est* comme le plus vulgaire ballon, et après une marche de quelques heures vous avez opéré votre descente presque dans la banlieue de Paris !

Permettez-moi de vous dire, Monsieur, dans l'intérêt de votre renom académique, et ce qui lui est supérieur, dans l'intérêt de la science, que vous devez recommencer une expérience absolument manquée.

A mon sens, voici ce que vous me paraissez devoir faire :

Je me trouve en parfaite conformité d'idées avec notre directeur des postes,

M. Rampont, qui a proposé l'adjonction d'un des ballons-poste, à votre aérostat dirigeable, lors de votre prochaine expérience. Tous deux partiraient ensemble, et il serait facile de constater la différence de vitesse de chacun des appareils et l'angle de déviation formé par les lignes diverses, suivies par les deux ballons.

Cette idée avait déjà été exposée par moi dans un cercle d'officiers à Bayonne.

Seulement ma manière d'employer dans cet essai le ballon-poste, diffère de celle qui est proposée par M. Rampont.

Je m'explique :

Il arrive fort souvent que deux ballons libres, *non dirigeables tous deux*, partant du même point et au même moment, suivent des directions tout à fait contraires, s'ils s'élèvent à des hauteurs quelque peu différentes. Je l'ai constaté notamment à Vienne (Autriche). Parti de cette capitale en même temps que l'un de mes frères, le même jour, à la même heure et du même point, nous aboutîmes l'un au nord, l'autre au sud de la ville.

Le système d'expérience proposé par M. Rampont, excellent en principe, pour être concluant, doit être, à mon avis, modifié ainsi que je vais avoir l'honneur de vous l'exposer.

Si nous étions certain de disposer pendant quelques heures d'un temps parfaitement calme, l'idéal de l'essai qu'il s'agit de faire serait ceci : Un ballon captif serait maintenu à une hauteur déterminée et immuable ; le ballon dirigeable devrait ensuite atteindre la même altitude, s'arrêter, monter ou descendre au commandement, tourner autour du ballon captif transformé en une bouée immobile, virer de bord, exécuter autour d'elle toutes sortes d'évolutions, et toujours en mesurant exactement sa vitesse à chacune de ses opérations.

De telles manœuvres, dont les résultats seraient mathématiquement concluants, sont impossibles à exécuter, en raison de l'agitation constante de l'atmosphère. Mais ce calme qu'il est impossible de rencontrer, il est facile de le simuler et de faire en sorte que les deux aérostats, le dirigeable et celui qui sert au contrôle de l'expérience, agissent au milieu d'un calme *apparent*.

En effet, pour deux ballons libres naviguant à la même élévation, et quelle que soit l'agitation réelle de l'air ambiant, l'effet apparent est celui du calme parfait. La masse aérostatique, pour ceux qui la montent ne fait pas un mouvement, et la terre semble fuir sous la nacelle immobile Cela étant posé voici, Monsieur, ce que j'ai l'honneur, de vous proposer : Montant un ballon libre, je partirais avec des savants chargés d'examiner, de vérifier et de contrôler les évolutions de votre aréostat dirigeable. De votre côté montant votre ballon vous partiriez en même temps que moi et du même point. Tous deux nous serions emportés par le même courant, puisque nous nous maintiendrions à la même hauteur, et vous devriez aux commandements, qui vous seraient faits par signaux, exécuter autour de mon ballon libre et pendant sa marche toutes sortes de manœuvres.

Le loch employé dans la marine et qui dans les cas ordinaires de l'aérostation devient inutile, pourrait être adopté sous la forme d'un petit ballonneau équilibré à la hauteur où se meut le ballon dirigeable et abandonné à l'aide d'un fil de soie gradué qui donnerait fidèlement les variations de vitesse.

Laissez-moi finir par une comparaison saisissante, et permettez-moi de vous transporter au bord d'une rivière à courant rapide. Au milieu de l'eau flotte un bouchon, un appât quelconque, et il court suivant le fil de l'eau. Au tour de lui s'acharnent les

poissons ; comme lui, ils n'ont point
d'efforts à faire pour se laisser emporter
par le courant, mais pour saisir le bouchon ou l'appât qui les tente, ils peuvent
en vertu de leur propriété dirigeable, ils
peuvent tourner, évoluer, virer autour de
l'objet qu'ils convoitent et qui cependant
continue paisiblement à descendre le
courant.

Le jour, Monsieur, où dans les airs vous
aurez fait autour d'un ballon libre, ce que
le poisson fait dans l'eau, autour d'une
masse flottante, vous aurez exécuté,
sans conteste. la direction d'un ballon dans
l'air calme. Voulez-vous, Monsieur, qu'a-
vec un de mes ballons je sois, dans les
airs, le modeste bouchon dont je viens de
vous parler ? Voulez-vous faire et dans
les conditions que j'ai énoncées, une
expérience qui me paraît concluante,
dans un sens ou dans l'autre ? je me
tiens à votre disposition.

Je dois vous déclarer d'avance, que si
je crois à la direction théorique et scien-
tifique des ballons, je n'ai aucune illusion
à l'égard de la réalisation pratique de ce
grand problème

En effet, toute la question, à l'heure
présente, repose sur une impossibilité. à
savoir : *élever dans les airs une machine,
d'une puissance extrême et d'un poids
très léger.*

La solution d'un tel problème est indépendante du système des ballons, et si on persiste à les employer comme moyen ascensionnel, je ne saurais trop répéter que, plus leurs proportions seront énormes, et plus l'on aura de chances de succès.

Néanmoins, Monsieur, et en dépit de toutes ces observations, n'étant pour ma part, ni partisan, ni auteur d'aucun système de direction aérostatique, laissánt, dans une pareille affaire, mon amour-propre entièrement de côté, je serais heureux que vous voulussiez agréer la proposition que j'ai eu l'honneur de vous faire, et encore plus heureux si, contrairement à mes prévisions, vous sortiez triomphant d'une épreuve à laquelle, n'en doutez pas, j'apporterais toute ma science pratique, tout mon zèle et tout mon dévouement.

Agréez, Monsieur, l'assurance de ma considération la plus distinguée.

EUGÈNE GODARD (aîné).

Plessils-la-Musse (Nantes), 10 mars 1872

Nantes. imp, Ev, Mangin et Giraud.